BEI GRIN MACHT SICH IHR WISSEN BEZAHLT

- Wir veröffentlichen Ihre Hausarbeit,
  Bachelor- und Masterarbeit

- Ihr eigenes eBook und Buch -
  weltweit in allen wichtigen Shops

- Verdienen Sie an jedem Verkauf

Jetzt bei www.GRIN.com hochladen
und kostenlos publizieren

Ernst Probst

Der Europäische Jaguar

Mit Zeichnungen von Shuhei Tamura

GRIN Verlag

Bibliografische Information der Deutschen Nationalbibliothek:

Die Deutsche Bibliothek verzeichnet diese Publikation in der Deutschen National-
bibliografie; detaillierte bibliografische Daten sind im Internet über http://dnb.d-
nb.de/ abrufbar.

Dieses Werk sowie alle darin enthaltenen einzelnen Beiträge und Abbildungen
sind urheberrechtlich geschützt. Jede Verwertung, die nicht ausdrücklich vom
Urheberrechtsschutz zugelassen ist, bedarf der vorherigen Zustimmung des Verla-
ges. Das gilt insbesondere für Vervielfältigungen, Bearbeitungen, Übersetzungen,
Mikroverfilmungen, Auswertungen durch Datenbanken und für die Einspeicherung
und Verarbeitung in elektronische Systeme. Alle Rechte, auch die des auszugsweisen
Nachdrucks, der fotomechanischen Wiedergabe (einschließlich Mikrokopie) sowie
der Auswertung durch Datenbanken oder ähnliche Einrichtungen, vorbehalten.

Impressum:

Copyright © 2011 GRIN Verlag, Open Publishing GmbH
Druck und Bindung: Books on Demand GmbH, Norderstedt Germany
ISBN: 978-3-640-92503-2

Dieses Buch bei GRIN:

http://www.grin.com/de/e-book/172447/der-europaeische-jaguar

GRIN - Your knowledge has value

Der GRIN Verlag publiziert seit 1998 wissenschaftliche Arbeiten von Studenten, Hochschullehrern und anderen Akademikern als eBook und gedrucktes Buch. Die Verlagswebsite www.grin.com ist die ideale Plattform zur Veröffentlichung von Hausarbeiten, Abschlussarbeiten, wissenschaftlichen Aufsätzen, Dissertationen und Fachbüchern.

Besuchen Sie uns im Internet:

http://www.grin.com/

http://www.facebook.com/grincom

http://www.twitter.com/grin_com

Europäischer Jaguar (Panthera onca gombaszoegensis).
Zeichnung von Shuhei Tamura

Ernst Probst

Der Europäische Jaguar

*Mit Zeichnungen
von Shuhei Tamura*

Widmung

*Shuhei Tamura
aus Kanagawa in Japan gewidmet,
der den Autor
bei zahlreichen Buchprojekten
unterstützt hat*

Dank

Für Auskünfte, mancherlei Anregung, Diskussion
und andere Arten der Hilfe danke ich:

Thomas Engel, geologischer Präparator,
Naturhistorisches Museum Mainz /
Landessammlung für Naturkunde Rheinland-Pfalz

Ulrich H. J. Heidtke,
Niederkirchen (Pfalz)

Prof. Dr. Helmut Hemmer, Mainz

Dr. Thomas Keller,
Landesamt für Denkmalpflege Hessen,
Archäologische und Paläontologische Denkmalpflege,
Wiesbaden

Professor Dr. Hans-Jürg Kuhn, Göttingen

Georg Sack,
Leiter des Heimatmuseums Biebrich, Wiesbaden

Shuhei Tamura, Kanagawa, Japan

Thüringer Zoopark Erfurt

Inhalt

Die Dolchzahnkatze (Megantereon cultridens adroveri)
war im Eiszeitalter vor etwa einer Million Jahren
ein Zeitgenosse
des Europäischen Jaguars (Panthera onca gombaszoegensis).
Zeichnung von Shuhei Tamura

Eine seltene Raubkatze

Eine der großen Raubkatzen, die im Eiszeitalter (Pleistozän) vor etwa 2,6 Millionen Jahren bis vor ca. 10.700 Jahren im Gebiet von Deutschland lebten, war der Europäische Jaguar *(Panthera onca gombaszoegensis)*. Bisher sind von dieser Raubkatze nur wenige Funde aus Bayern, Rheinland-Pfalz, Hessen und Thüringen bekannt. Zu den Zeitgenossen des Europäischen Jaguars gehörten der riesige Mosbacher Löwe *(Panthera leo fossilis)*, Leoparden *(Panthera pardus sickenbergi)*, Geparden *(Acinonyx pardinensis)*, Säbelzahnkatzen *(Homotherium crenatidens)* und Dolchzahnkatzen *(Megantereon cultridens adroveri)*. Der Europäische Jaguar wird in dem gleichnamigen kleinen Taschenbuch des Wiesbadener Wissenschaftsautors Ernst Probst vorgestellt. Dieser Titel ist Shuhei Tamura aus Kanagawa in Japan gewidmet, der den Autor bei zahlreichen Buchprojekten unterstützt hat.

Heutiger Jaguar
aus „Brehms Tierleben" (1927)

Der Europäische Jaguar

Der Jaguar war im Eiszeitalter (Pleistozän) viele 100.000 Jahre lang die einzige in Europa heimische Pantherkatze. Nach den Fossilfunden zu schließen, existierten zeitlich aufeinanderfolgend der Toskanische Jaguar (*Panthera onca toscana*) und der Europäische Jaguar (*Panthera onca gombaszoegensis*).

Den Toskanischen Jaguar (früher irrtümlich auch Toskana-Löwe genannt) hat 1949 der Basler Lehrer und Paläontologe Samuel Schaub (1882–1962) nach einem Fund aus der Toskana (Italien) beschrieben. Der Europäische Jaguar wurde bereits 1938 von dem Budapester Paläontologen Miklós Kretzoi (1907–2005) nach einem Fund vom slowakischen Fundort Gombasek (Gombaszök) beschrieben.

In der Fachwelt wird darüber diskutiert, dass es sich beim Toskanischen Jaguar und beim Europäischen Jaguar um ein und dieselbe Form handeln könnte. Wenn dies zuträfe, gilt für beide Formen der wissenschaftliche Name *Panthera onca gombaszoegensis*. Manche Autoren betrachten diese beiden Jaguare – statt als Unterarten – als Arten und nennen sie deswegen *Panthera toscana* und *Panthera gombaszoegensis*.

Der Toskanische Jaguar kam im Eiszeitalter vor mehr als 1,6 Millionen Jahren in Italien (Olivola) vor. In den Niederlanden (Tegelen) existierte er ebenfalls zu dieser Zeit. Ähnlich alt könnten Reste des Toskanischen Jaguars

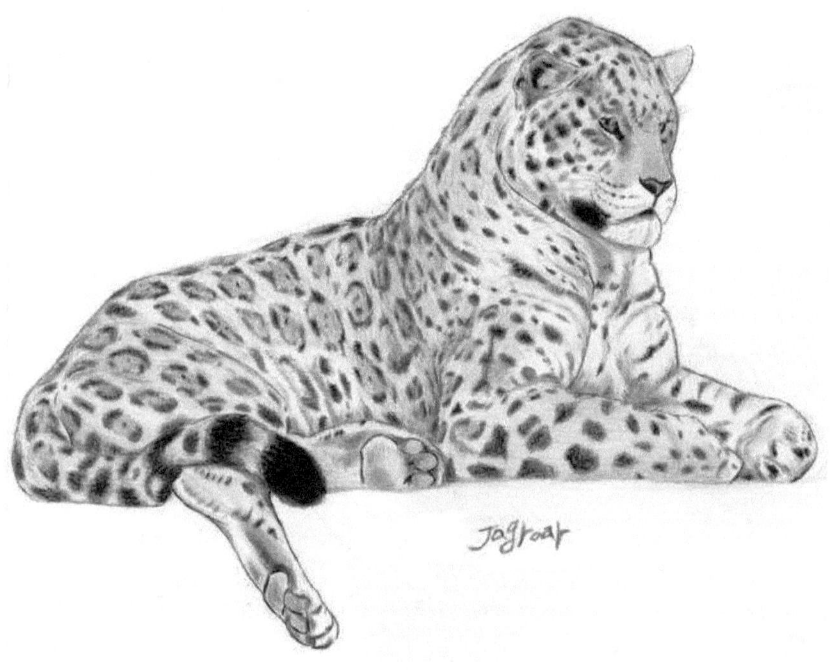

Lebensbild eines eiszeitlichen Jaguars
(Panthera onca augusta) aus Nordamerika.
Zeichnung von Shuhei Tamura

14

Budapester Paläontologe
Miklós Kretzoi (1907–2005)

Mainzer Paläontologe
Otto Schmidtgen (1879–1938)

16

vom Eingang der Bärenhöhle bei Sonnenbühl-Erpfingen in Baden-Württemberg sein.

In Thüringen (bei Untermaßfeld nahe Meiningen) lebte der Europäische Jaguar – nach Gebissresten zu schließen – vor ungefähr einer Million Jahren. Dort sind auch der Gepard *(Acinonyx pardinensis)*, die Säbelzahnkatze *(Homotherium crenatidens)* und die Dolchzahnkatze *(Megantereon cultridens adroveri)* durch Funde nachgewiesen. Aus der Gegend von Rotterdam (Maasvlakte) kennt man einen etwa 800.000 bis 900.000 Jahre alten Oberkieferrest des Europäischen Jaguars. Ähnlich alt ist der Oberkieferrest eines Europäischen Jaguars aus Georgien (Akhalkalaki).

Erst vor rund 700.000 Jahren bekam der Jaguar in Europa Konkurrenz durch den Mosbacher Löwen *(Panthera leo fossilis)* und fast zur selben Zeit durch den Leoparden *(Panthera pardus sickenbergi)*. In Hessen (Mosbach-Sande von Wiesbaden), Neuleiningen bei Grünstadt (Rheinland-Pfalz), Thüringen (Weimar-Süßenborn) und Bayern (Rabenstein bei Waischenfeld, Würzburg-Schalksberg) existierte der Europäische Jaguar vor etwa 600.000 Jahren. Ein ähnlich alter Jaguarrest wird von Alain Argant, Jacqueline Argant, Marcel Jeannet und Margarita Erbajeva aus Hundsheim in Niederösterreich erwähnt.

Auffallenderweise sind in den Mosbach-Sanden von Wiesbaden viele Reste von Mosbacher Löwen, aber wenige von Europäischen Jaguaren gefunden wurden. Auch von Säbelzahnkatzen *(Homotherium crenatidens)* und Geparden *(Acinonyx pardinensis)* liegen aus den Mosbach-Sanden nicht viele Funde vor.

Die Dörfer Mosbach und Biebrich auf einem Plan von 1819.
Nach dem ehemaligen Dorf Mosbach zwischen Wiesbaden
und Biebrich sind die Mosbach-Sande (früher Mosbacher Sande),
eine der bedeutendsten Fundstellen aus dem Eiszeitalter
in Deutschland, benannt. Dabei handelt es sich
um Flussablagerungen des eiszeitlichen Mains,
der damals weiter nördlich als heute in den Rhein mündete,
des Rheins und von Taunusbächen.
In Mosbach hat man schon 1845 in etwa zehn Meter Tiefe
erste eiszeitliche Großsäugerreste entdeckt.
1882 schlossen sich die Dörfer Mosbach und Biebrich
zur Stadt Biebrich-Mosbach zusammen.
In der Folgezeit gewann Biebrich durch Schloss,
Rheinverkehr, Industrie und Kaserne eine solche Dominanz,
dass man den Begriff Mosbach aus dem Stadtnamen strich.
Am 1. Oktober 1926 wurde Biebrich in Wiesbaden eingemeindet.

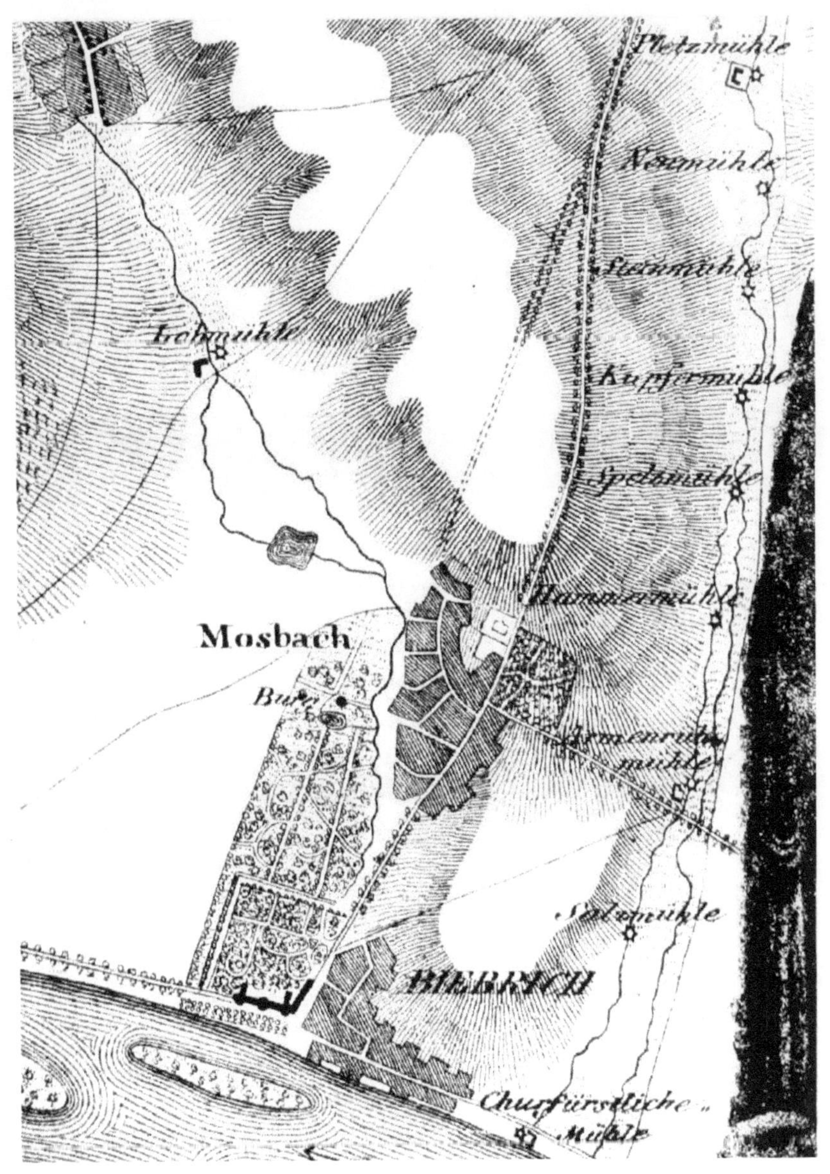

Pletzmühle
Neumühle
Steinmühle
Kupfermühle
Spelzmühle
Lohmühle
Hammermühle
Mosbach
Burg
Armenruh mühle
Sulzmühle
BIEBRICH
Churfürstliche Mühle

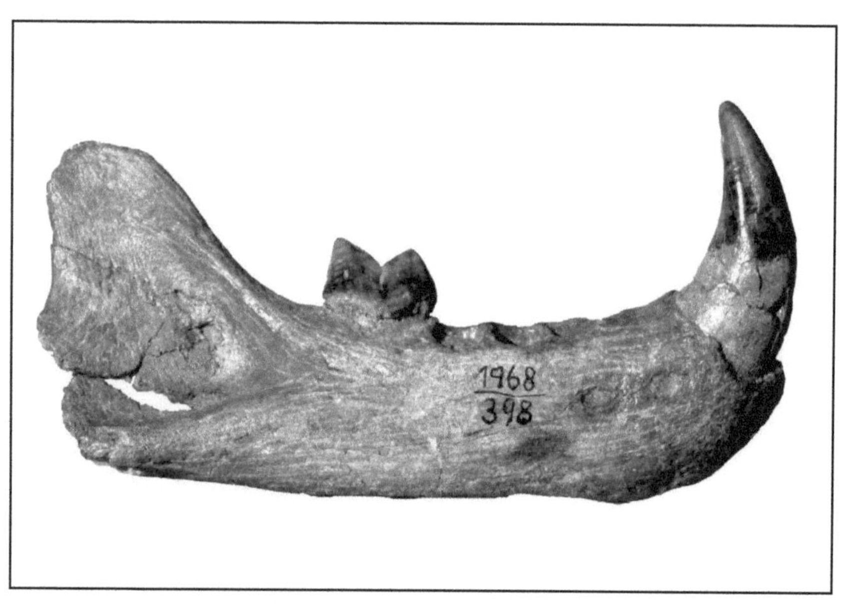

Fund des Europäischen Jaguars
(Panthera onca gombaszoegensis)
aus den Mosbach-Sanden von Wiesbaden:
Unterkiefer von 1968
aus dem Naturhistorischen Museum Mainz /
Landessammlung für Naturkunde Rheinland-Pfalz

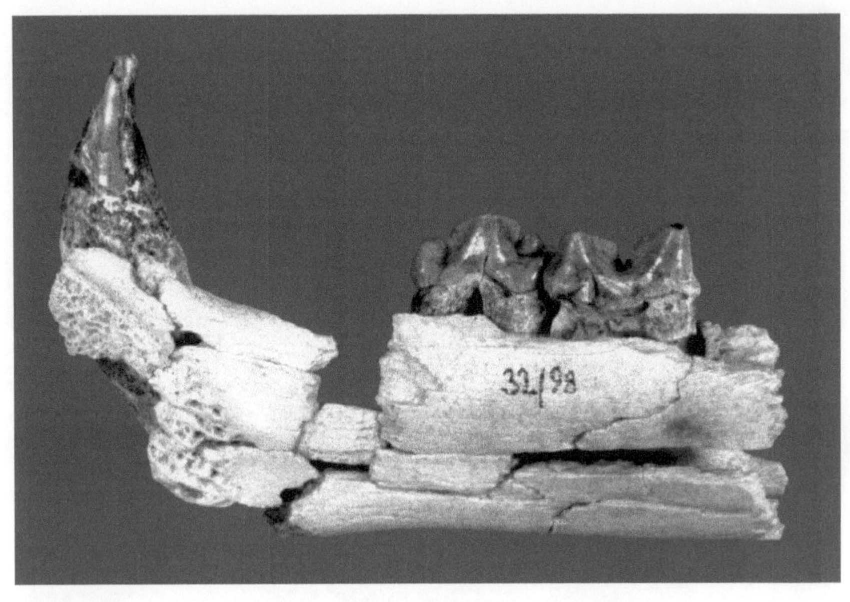

Fund des Europäischen Jaguars
(Panthera onca gombaszoegensis)
aus den Mosbach-Sanden von Wiesbaden:
Unterkiefer von 1968
aus dem Landesamt für Denkmalpflege Hessen
in Wiesbaden

Zoologe Helmut Hemmer

Im Sommer 1913 entdeckte der Mainzer Paläontologe Otto Schmidtgen (1879–1938) in den Mosbach-Sanden von Wiesbaden ein rechtes Unterkieferbruchstück mit einem gut erhaltenen Backenzahn von einer Raubkatze. Dabei handelte es sich – wie man heute weiß – um den ersten Fund von einem Europäischen Jaguar (*Panthera onca gombaszoegensis*) in Mosbach. Otto Schmidtgen deutete das Mosbacher Bruchstück zunächst, obwohl es ihm dafür eigentlich etwas zu klein erschien, als Rest eines Mosbacher Löwen. Bei späteren Vergleichen gelangte er aber zu der Überzeugung, dass es sich um einen „Panther" handeln müsse, der bis dahin noch nicht aus Mosbach bekannt war. Weil der Backenzahn des Mosbacher „Panthers" merklich abgekaut war, musste es sich um ein altes Tier handeln. Der bemerkenswerte Fund wurde im Naturhistorischen Museum Mainz aufbewahrt.

1968 glückte in den Mosbach-Sanden von Wiesbaden der zweite Nachweis des Europäischen Jaguars. Dabei handelte es sich um einen Unterkieferrest, den 1969 der Zoologe Helmut Hemmer und die Paläontologin Gerda Schütt (1931–2007) identifizierten. Die Gesamtlänge des nicht ganz vollständigen Unterkiefers dürfte etwa 16,5 bis 17 Zentimeter betragen haben. Dieses Maß entspricht den Extremwerten heutiger afrikanischer Leoparden (*Panthera pardus*). Es erreicht aber nicht die Variationsbreite kleiner Löwinnen, die bei etwa 19 Zentimetern beginnt. Der Eckzahn (Fangzahn) des im Naturhistorischen Museum Mainz aufbewahrten Jaguar-Unterkiefers aus Mosbach ragt etwa 3,5 Zentimeter aus dem Knochen.

Die Paläontologin Gerda Schütt (1931–2007)
machte sich um die Erforschung von Raubtieren
aus dem Eiszeitalter verdient.
Für die Mosbach-Sande von Wiesbaden zum Beispiel
führte sie Erstnachweise für die Säbelzahnkatze,
den Gepard – und zusammen mit Helmut Hemmer –
für den Europäischen Jaguar.

Am 24. April 1998 gelang Anne Sander bei einer von der Abteilung Archäologische und Paläontologische Denkmalpflege des Landesamtes für Denkmalpflege Hessen veranlassten Kontrollbegehung des Tagebaus Ostfeld in Wiesbaden der dritte Nachweis eines Europäischen Jaguars in den Mosbach-Sanden. Frau Sander entdeckte Fragmente des rechten Unterkieferastes von einem vermutlich weiblichen Jaguar. In der Folgezeit barg sie zusammen mit dem ebenfalls am Landesamt für Denkmalpflege in Wiesbaden tätigen Paläontologen Thomas Keller weitere Kiefer- und Zahnfragmente, bis am 18. Juni 1998 ingesamt 54 Bruchstücke des Unterkiefers vorlagen. Im Juli 2001 wurde der Fund dem Mainzer Zoologen Helmut Hemmer zur Bestimmung übergeben. Erfahrene Präparatoren der Forschungsstation für Quartär-paläontologie der Senckenbergischen Naturforschenden Gesellschaft, Weimar fügten die Bruchstücke zu einem 10,8 Zentimeter langen Unterkieferfragment zusammen. Der komplette Unterkiefer dürfte schätzungsweise 18 Zentimeter lang gewesen sein. Von den erhaltenen vier Zähnen konnten nur drei in Position eingefügt werden, weil für den vorderen Vorbackenzahn ein Halt gebendes Knochenstück fehlte. Das Lebendgewicht dieses Jaguars wird auf bis zu 140 Kilogramm geschätzt. Die Mosbacher Jaguarfunde gehören zu den geologisch jüngsten dieser Raubkatze, die schon vor mehr als 1,5 Millionen Jahren im Eiszeitalter in Europa vorkam. Vielleicht war der Europäische Jaguar wie der heutige Jaguar in Amerika „eng ans Wasser" gebunden und bevorzugte ebenfalls Wald- und Buschgebiete.

*Paläontologe Thomas Keller (oben) neben einem in Fundlage
eingegipsten Fossil in den Mosbach-Sanden von Wiesbaden*

*Blick auf die Mosbach-Sande von Wiesbaden
im Jahre 2008*

Mosbacher Löwe (Panthera leo fossilis), links unten.
Gemälde von Fritz Wendler (1941–1995)
für das Buch „Deutschland in der Urzeit" (1986)
von Ernst Probst

Gepard (Acinonyx pardinensis), rechts.
Gemälde von Fritz Wendler (1941–1995)
für das Buch „Deutschland in der Urzeit" (1986)
von Ernst Probst

Bild auf Seite 31:

*Der Mosbacher Löwe (Panthera leo fossilis)
gilt mit einer Gesamtlänge bis zu 3,60 Metern,
von denen etwa 1,20 Meter auf den Schwanz entfielen,
als der größte Löwe in Europa.
Diese imposante Raubkatze wurde 1906
durch den Mainzer Paläontologen
Wilhelm von Reichenau (1847–1925)
erstmals wissenschaftlich beschrieben.
Bei der wissenschaftlichen Untersuchung
hatten ihm Funde
aus den Mosbach-Sanden von Wiesbaden
und aus Mauer bei Heidelberg vorgelegen.
Zeichnung von Shuhei Tamura*

Säbelzahnkatze (Homotherium crenatidens)
Zeichnung von Shuhei Tamura

Gepard (Acinonyx pardinensis).
Zeichnung von Shuhei Tamura

Fossilien-Experte Ulrich H. J. Heidtke
aus Niederkirchen (Pfalz)

Mosbacher Löwe und Jaguar kamen auch in Westbury-sub-Mendip (England), Château (Frankreich), Vértesszölös (Ungarn) und Petralona (Griechenland) zusammen in der gleichen geologischen Fundschicht vor.

In der Spaltenfüllung 11 des Kalksteinbruches bei Neuleiningen unweit von Grünstadt in Rheinland-Pfalz entdeckte der Fossilien-Experte Ulrich H. J. Heidtke aus Niederkirchen (Pfalz) neben spektakulären Funden der Säbelzahnkatze *(Homotherium crenatidens)* auch einen Unterkiefer einer unbekannten Raubkatze. Dieser Fund wurde 2009 durch den Mainzer Katzenspezialisten Helmut Hemmer als Europäischer Jaguar identifiziert. Der Wiesbadener Autor Ernst Probst hatte bei Recherchen für sein Taschenbuch „Säbelzahnkatzen" (2009) von Heidtke erfahren, dass sich unter dessen Funden aus Neuleiningen auch ein bisher unbestimmtes Fossil einer Raubkatze befand und einen Kontakt zu Hemmer vermittelt.

Panthera onca gombaszoegensis dürfte spätestens in der Mindel-Eiszeit (etwa 480.000 bis 330.000 Jahre) ausgestorben sein. Sein Verschwinden ist wohl durch die Kälte und die Konkurrenz durch Löwen bewirkt worden. Früher hat man den Europäischen Jaguar unter zahlreichen Artnamen beschrieben.

Wie Begegnungen von Frühmenschen *(Homo erectus)* mit Europäischen Jaguaren im Eiszeitalter verliefen, weiß man nicht genau. Aus heutiger Zeit liegen Berichte über Angriffe von Jaguaren auf Menschen vor. Dabei sollen die Jaguare aber stark gereizt oder in die Enge getrieben worden sein. Es handelte sich also nur um Vertei-

Frühmensch (Homo erectus),
ein Zeitgenosse des Europäischen Jaguars
aus dem Eiszeitalter.
Zeichnung von Fritz Wendler (1941–1995)
für das Buch „Deutschland in der Steinzeit" (1991)
von Ernst Probst

digungsangriffe, die meistens ohne Todesopfer ausgingen.

Der Europäische Jaguar wird – laut Internet-Lexikon „Wikipedia" – als Ahne des Jaguars *(Panthera onca)* in Nord- und Südamerika diskutiert. Die Vorfahren des Jaguars wanderten ostwärts und über die Beringstraße nach Nordamerika ein. Im Eiszeitalter existierten Jaguare in Nordamerika noch nördlich bis zum Bundesstaat Washington.

In der Gegenwart gilt der Jaguar nach dem Tiger und dem Löwen als die drittgrößte Raubkatze der Welt. Auf dem amerikanischen Doppelkontinent ist er sogar die größte Raubkatze. Das äußere Erscheinungsbild des Jaguars in der Neuen Welt ähnelt dem Leoparden der Alten Welt.

Heutige Jaguare erreichen eine Kopf-Rumpf-Länge von etwa 1,50 Metern, in Ausnahmefällen sogar bis zu 1,80 Metern. Hinzu kommt ein 40 bis 70 Zentimeter langer Schwanz, was im Extemfall eine Gesamtlänge bis zu 2,50 Metern ergibt. Die Schulterhöhe beträgt durchschnittlich 70 Zentimeter. Jaguare sind kräftiger und massiver gebaut als Leoparden. Das Lebendgewicht liegt bei Weibchen bei rund 70 Kilogramm, bei Männchen bei ungefähr 110 Kilogramm.

Auch das Fell heutiger Jaguare unterscheidet sich von demjenigen der Leoparden. Grundfarbe des Jaguarfells ist ein kräftiges Goldgelb, das mitunter ins Rötliche übergeht. Das Körperfell ist mit schwarzen Ringflecken übersät, die gelegentlich kleine Tupfen umschließen. Die Ringflecken bei Jaguaren sind merklich größer als bei Leoparden. Wie bei Leoparden haben auch Jaguare oft

Heutiger Jaguar (Panthera onca)
im Milwaukee County Zoological Garden (Wisconsin)

*Heutiger schwarzer Jaguar
mit teilweise erkennbarer Zeichnung*

Aztekischer Jaguarkrieger.
Abbildung aus dem „Codex Magliabechiano"
aus dem 16. Jahrhundert

ein gänzlich schwarzes Fell. Schwarze Jaguare werden ebenso wie schwarze Leoparden als Panther bezeichnet. Die in der Gegenwart im Regenwald heimischen Jaguare sind kleiner und meistens dunkler gefärbt als diejenigen in offenen Savannen oder Sümpfen.

Heutige Jaguare leben als Einzelgänger. Meistens nähern sie sich nur in Paarungsstimmung dem anderen Geschlecht. Sie sind nachts aktiv und verbringen bis zur Hälfte des Tages ruhend. Wegen ihres schweren Körperbaus sind sie keine guten Kletterer. Dagegen schwimmen sie oft und gut.

Bei der Jagd schleichen sich Jaguare langsam an Beutetiere heran und lauern im Hinterhalt. Nach einem kurzen Spurt reißen sie die Beute mit einem Prankenschag nieder und zu Boden. Jaguare gelten als die einzigen Großkatzen, die ihre Beutetiere töten, indem sie ihnen ihre Eckzähne in den Schädel schlagen. Zu ihrer Beute gehören heute Hirsche, Pekaris, Tapire, Carpybaras, Pakas, Gürteltiere und Agutis. Baumtiere wie Affen oder Faultiere bringen sie selten zur Strecke. In Gewässern erbeuten sie auch Fische und sogar kleine Kaimane. Ihre Beute fressen sie an einem geschützten Ort und vergraben dort die Reste.

Nach einer Tragezeit von rund 100 Tagen bringen Jaguarweibchen meistens im April oder Juni ein Junges bis zu vier Junge zur Welt. Die Neugeborenen sind blind und werden mit wolligem, deutlich geflecktem Fell geboren. Um die Aufzucht der Jungtiere kümmert sich vor allem die Mutter, gelegentlich auch der Vater. Nach etwa sechs Wochen ist der Nachwuchs etwa so groß wie eine hutige Hauskatze und folgt fortan seinen Eltern

Altar (Cuauhxicalli),
der von Azteken für Opferzeremonien benutzt wurde.
Solche Altäre sind oft als Adler
oder – wie hier – als Jaguar gestaltet
und weisen auf der Oberseite
stets eine runde Vertiefung auf.
Original im „Nationalmuseum für Anthropologie"
in Mexiko-Stadt

auf Streifzügen. Ab einem Alter von etwa einem Jahr bis zu zwei Jahren verlassen die Jungtiere ihre Eltern. Die Geschlechtsreife beginnt mit etwa drei Jahren. In der Wildnis beträgt die Lebensdauer der Jaguare durchschnittlich zehn bis zwölf Jahre.

In der Gedankenwelt der Indianer in Amerika spielte der Jaguar eine wichtige Rolle. Die Maya verehrten einen Gott in Jaguargestalt als Beherrscher der Unterwelt. Bei den Maya schmückten sich Könige mit Jaguarfellen und adlige Familien machten den Jaguar zum Bestandteil ihres Namens. Bei den Azteken hüllte sich eine der obersten Kriegerkasten in Jaguarfelle.

Wissenschaftsautor Ernst Probst

Der Autor

Ernst Probst, geboren am 20. Januar 1946 in Neunburg vorm Wald im bayerischen Regierungsbezirk Oberpfalz, ist Journalist und Wissenschaftsautor. Er arbeitete von 1968 bis 1971 als Redakteur bei den „Nürnberger Nachrichten", von 1971 bis 1973 in der Zentralredaktion des „Ring Nordbayerischer Tageszeitungen" in Bayreuth und von 1973 bis 2001 bei der „Allgemeinen Zeitung", Mainz. In seiner Freizeit schrieb er Artikel für die „Frankfurter Allgemeine Zeitung", „Süddeutsche Zeitung", „Die Welt", „Frankfurter Rundschau", „Neue Zürcher Zeitung", „Tages-Anzeiger", Zürich, „Salzburger Nachrichten", „Die Zeit", „Rheinischer Merkur", „Deutsches Allgemeines Sonntagsblatt", „bild der wissenschaft", „kosmos", „Deutsche Presse-Agentur" (dpa), „Associated Press" (AP) und den „Deutschen Forschungsdienst" (df). Aus seiner Feder stammen die Bücher „Deutschland in der Urzeit" (1986), „Deutschland in der Steinzeit" (1991), „Rekorde der Urzeit" (1992), „Dinosaurier in Deutschland" (1993 zusammen mit Raymund Windolf) und „Deutschland in der Bronzezeit" (1996). Von 2001 bis 2006 betätigte sich Ernst Probst als Buchverleger sowie zeitweise als internationaler Fossilienhändler und Antiquitätenhändler. Insgesamt veröffentlichte er mehr als 100 Bücher, Taschenbücher, Broschüren, Museumsführer und E-Books. Darunter befinden sich zahlreiche Titel über urzeitliche Raubkatzen: „Säbelzahnkatzen",

„Säbelzahntiger am Ur-Rhein“, „Die Säbelzahnkatze Machairodus“, „Die Säbelzahnkatze Homotherium“, „Die Dolchzahnkatze Megantereon“, „Die Dolchzahnkatze Smilodon“, „Höhlenlöwen“, „Der Mosbacher Löwe“ und „Der Höhlenlöwe“.

Literatur

ARGANT, Alain: Les sités paléontologiques du Pleistocène moyen en Mâconnais. Bull. Soc. Préhist. Franc, 97, 4, S. 609–623, Paris 2000

ARGANT, Alain / ARGANT, Jacqueline / JEANNET, Marcel / ERBAJEVA, Margarita: The big cats of the fossil site Cháteau Breccia Northern Section (Saône-et-Loire, Burgundy, France): stratigraphy, palaeoenvironment, ethology and biochronological dating. Courier Forschungs-Institut Senckenberg, 259, S. 121–140, Frankfurt am Main 2007

BRÜNING, Herbert: Die eiszeitliche Tierwelt im Rhein-Main-Gebiet, Mosbacher Sande. Museumsführer Nr. 4, Naturhistorisches Museum Mainz, 1972

BRÜNING, Herbert: Vom Eiszeitalter im Mainzer Becken. Museumführer Nr. 3, Naturhistorisches Museum Mainz, 1973

BRÜNING, Herbert: Die eiszeitliche Tierwelt von Mosbach. Ihre Umwelt – ihre Zeit. Museumsführer Nr. 6, Rheinische Naturforschende Gesellschaft zu Mainz in Verbindung mit dem Naturhistorischen Museum Mainz, 1980

FABER, Rolf: Moskebach – Biebrich-Mosbach 991– 1971. Chronik von Dr. Rolf Faber im Auftrag des

Verschönerungs- und Verkehrsvereins Biebrich am
Rhein e. V., Wiesbaden-Biebrich 1991
HEIDTKE, Ulrich: Eine Großsäuger-Fauna aus dem
älteren Pleistozän der Pfalz (Spaltenfüllung
Neuleiningen 11). Mitteilungen der Pollichia, 67, S.
135–141, Bad Dürkheim 1979
HEMMER, Helmut: Die Feliden aus dem
Epivillafranchium von Untermaßfeld. Aus:
KAHLKE, Ralf-Dietrich (Hrsg.): Das Pleistozän von
Untermaßfeld bei Meiningen (Thüringen). Teil
3. Monographien des Römisch-Germanischen
Zentralmuseums, 40/3, S. 699–782, Mainz 2001
HEMMER, Helmut: Pleistozäne Katzen Europas –
eine Übersicht. Cranium, Amsterdam 2004
HEMMER, Helmut / KAHLKE, Ralf-Dietrich /
KELLER, Thomas: *Panthera onca gombaszoegensis* aus
den frühmittelpleistozänen Mosbach-Sanden
(Wiesbaden, Hessen, Deutschland). Ein Beitrag zur
Kenntnis der Variabilität und Verbreitungsgeschichte
des Jaguars. Neues Jahrbuch für Geologie und
Paläontologie, Abhandlungen, 229 (1), S. 31–60,
Stuttgart 2003
HEMMER, Helmut / KAHLKE, Ralf-Dietrich /
VEKUA, Abesalom K.: The Jaguar – *Panthera onca
gombaszoegensis* (KRETZOI, 1938) (Carnivora: Felidae)
in the late Lower Pleistocene of Akhalkalaki (South
Georgia; Transcaucasia) and its evolutionary and
ecological significance. Géobios, 34 (4), S. 475–486,
Villeurbanne 2001
HEMMER, Helmut / KAHLKE, Ralf-Dietrich /
VEKUA, Abesalom K.: The Old World puma – *Puma*

pardoides (Owen, 1946) (Carnivora: Felidae) – in the
lowe Villafranchian (Upper Pliocene) of Kvabesi
(East Georgia, Transcaucasia) and its evolutionary
and biogeographical significance. Neues Jahrbuch für
Geologie und Paläontologie, Abhandlungen 233 (2),
S. 197–321, Stuttgart 2004
HEMMER, Helmut / KAHLKE, Ralf-Dietrich:
Nachweis des Jaguars (*Panthera onca gombaszoegensis*) aus
dem späten Unter- oder frühen Mittelpleistozän der
Niederlande. Deinsea, Annual oft the Natural History
Museum Rotterdam, S. 47–57, Rotterdam 2005
HEMMER, Helmut / KAHLKE, Ralf-Dietrich /
KELLER, Thomas: Geparde im Mittelpleistozän
Europas: *Acinonyx pardinensis* (sensu lato) *intermedius*
(Thenius, 1954) aus den Mosbach-Sanden
(Wiesbaden, Hessen, Deutschland). Neues
Jahrbuch für Geologie und Paläontologie,
Abhandlungen, 249 (3), S. 345–356, Stuttgart 2008
HEMMER, Helmut / SCHÜTT, Gerda: Ein
Gepardenfund aus den Mosbacher Sanden (Alt-
pleistozän, Wiesbaden). Mainzer Naturwissenschaft-
liches Archiv, 9, S. 118–131, Mainz 1970
KAHLKE, Ralf-Dietrich (Hrsg.): Das Pleistozän von
Untermaßfeld bei Meiningen (Thüringen). Teil 1.
Monographien des Römisch-Germanischen
Zentralmuseums, Mainz 1997
KAHLKE, Ralf-Dietrich (Hrsg.): Das Pleistozän von
Untermaßfeld bei Meiningen (Thüringen). Teil 2.
Monographien des Römisch-Germanischen
Zentralmuseums, Mainz 2001

KAHLKE, Ralf-Dietrich (Hrsg.): Das Pleistozän von
Untermaßfeld bei Meiningen (Thüringen). Teil 3.
Monographien des Römisch-Germanischen
Zentralmuseums, Mainz 2001
KELLER, Thomas: Die eiszeitlichen Mosbach-Sande
bei Wiesbaden. Paläontologische Denkmäler in
Hessen 3, Wiesbaden 1994
KRETZOI, Miklós: Die Raubtiere von Gombaszök
nebst einer Übersicht der Gesamtfauna. Annales
historico-naturales Musei Nationalis Hungarici, Pars
Mineralogica, Geologica, Paleontologica 31, S. 88–
157, Budapest 1938
MOL, Dick / LOGCHEM, Wilrie van /
HOOIJDONK, Kees van / BAKKER, Remie: De
sabeltandtijger uir de Noordzee, Norg 2007
PROBST, Ernst: Deutschland in der Urzeit, München
1986
PROBST, Ernst: Wie die Löwen die Welt eroberten.
Aus: PREUSS, Karl-Heinz / SIMEN, Rolf H.:
Geschichten, die die Forschung schreibt, Band 9,
60 Reisen durch die Wissenschaft, S. 71–73,
Bonn 1990
PROBST, Ernst: Deutschland in der Steinzeit,
München 1991
PROBST, Ernst: Rekorde der Urzeit, München 2008
PROBST, Ernst: Rekorde der Urmenschen, München
2008
PROBST, Ernst: Säbelzahnkatzen, München 2009

PROBST, Ernst: Die Dolchzahnkatze *Megantereon*, München 2011

PROBST, Ernst: Die Säbelzahnkatze *Homotherium*, München 2011

RATHGEBER, Thomas: Die quartären Säugetier-Faunen der Bären- und Karlshöhle bei Erpfingen im Überblick. Laichinger Höhlenfreund, Jg. 38, Nr. 2, S. 107–144, Laichingen 2003

REICHENAU, Wilhelm von: Beiträge zur näheren Kenntnis der Carnivoren aus den Sanden von Mauer und Mosbach. Abhandlungen der Großherzoglichen Hessischen Geologischen Landesanstalt zu Darmstadt, Band IV, Heft 2, S. 189–313, Darmstadt 1906

RUTTE, Erwin: Die Fundstelle altpleistozäner Wirbeltiere von Randersacker bei Würzburg. Geologisches Jahrbuch, 73, S. 737–754, Hannover 1958

SANDER, Anne: Ein Jaguar-Neufund aus den mittelpleistozänen Mosbach-Sanden. Hessen Archäologie 2003, herausgegeben von der Archäologischen und Paläontologischen Denkmalpflege des Landesamtes für Denkmalpflege Hessen, S. 17–19, Wiesbaden 2003

SCHAUB, Samuel: Revision de quelques Carnassiers villafranchiens du Niveau des Etouaires (Montage de Perrier, Puy de Dome). Eclogae geologicae Helvetiae 42 (2), S. 192–506, Basel 1949

SCHMIDTGEN, Otto: *Felis pardus* spec. L. aus dem Mosbacher Sand. Sonderdruck aus „Jahrbücher des Nassauischen Vereins für Naturkunde", Jahrgang 74, S. 51–58, München und Wiesbaden 1922

SCHÜTT, Gerda: *Panthera pardus sickenbergi* n. subsp. aus den Mauerer Sanden. Neues Jahrbuch für Geologie und Paläontologie, Monatsheft, S. 299–310, Stuttgart 1969

SCHÜTT, Gerda: Ein Gepardenfund aus den Mosbacher Sanden (Altpleistozän, Wiesbaden). Mainzer naturwissenschaftliches Archiv, 9, S. 118–131, Mainz 1970

TURNER, Alan / ANTÓN, Mauricio: The Big Cats and their fossil relatives. New York 1997

WIKIPEDIA Freie Enzyklopädie
http://wikipedia.org

Bildquellen

Klaus Benz, Fotograf, Mainz-Laubenheim: 44
Ulrich H. J. Heidtke, Niederkirchen (Pfalz): 34
Professor Dr. Hansjürg Kuhn, Göttingen: 24
Landesamt für Denkmalpflege Hessen, Abteilung
Archäologie und Paläontologie, Schloss Biebrich,
Wiesbaden: 21, 26, 27
Naturhistorisches Museum Mainz / Landessammlung
für Naturkunde Rheinland-Pfalz: 16,20
Péter Papp, Geologe, Magyar Állami Földtani Intézet
/ Geological Institute of Hungary, Budapest: 15
Reproduktion aus „Brehms Tierleben" (1927): 12
Reproduktion aus: PROBST, Ernst: Deutschland in
der Steinzeit, München 1991: Zeichnung von Fritz
Wendler (1941–1995): 36
Reproduktionen aus: PROBST, Ernst: Deutschland in
der Urzeit, München 1986: Gemälde von Fritz
Wendler (1941–1995): 28, 29
Reproduktion einer Abbildung aus dem „Codex
Magliabechianus" aus dem 16. Jahrhundert: 40
Shuhei Tamura, Kanagawa, Japan: 1, 10, 14, 31, 32, 33
Thüringer Zoopark Erfurt: 22
Verschönerungs- und Verkehrsverein Biebrich am
Rhein e. V. / Heimatmuseum Biebrich: 19
U.S. Fish and Wildlife Service, Ron Singer: 39

Cburnett / CC-BY-SA3.0: 38 (via Wikimedia
Commons), lizensiert unter CreativeCommons-
Lizenz by-sa-3.0-de
http://creativecommons.org/licenses/by-sa/3.0/
legalcode
Luidger / CC-BY-SA3.0: 42 (via Wikimedia
Commons), lizensiert unter CreativCommons-Lizenz
by-sa-3.0-de
http://creativecommons.org/licenses/by-sa/3.0/
legalcode

Bücher von Ernst Probst

Affenmenschen
Von Bigfoot bis zum Yeti

Archaeopteryx
Der Urvogel aus Bayern

Christl-Marie Schultes. Die erste Fliegerin in Bayern
(zusammen mit Theo Lederer)

Das Dinotherium-Museum Eppelsheim
Führer durch die Ausstellung
(zusammen mit Dr. Jens Lorenz Franzen
und Heiner Roos)

Der Mosbacher Löwe
Die riesige Raubkatze aus Wiesbaden

Der Schwarze Peter
Ein Räuber im Hunsrück und Odenwald

Der Ur-Rhein
Rheinhessen vor zehn Millionen Jahren

Die Dolchzahnkatze *Megantereon*

Die Dolchzahnkatze *Smilodon*

Die Säbelzahnkatze *Machairodus*

Die Säbelzahnkatze *Homotherium*

Dinosaurier in Deutschland. Vom *Efraasia*
bis zu *Sellosaurus*

Dinosaurier von A bis K. Von *Abelisaurus*
bis zu *Kritosaurus*

Dinosaurier von L bis Z. Von *Labocania*
bis zu *Zupaysaurus*

Frauen im Weltall

Höhlenlöwen
Raubkatzen im Eiszeitalter

Johann Jakob Kaup
Der große Naturforscher aus Darmstadt

Königinnen der Lüfte in Deutschland

Königinnen der Lüfte in Europa

Königinnen der Lüfte von A bis Z

Monstern auf der Spur
Wie die Sagen über Drachen, Riesen
und Einhörner entstanden

Raub-Dinosaurier von A bis Z.
Mit Zeichnungen von Dmitry Bogdanav
und Nobu Tamura

Rekorde der Urzeit
Landschaften, Pflanzen und Tiere

Rekorde der Urmenschen
Erfindungen, Kunst und Religion

Säbelzahnkatzen. Von *Machairodus*
bis zu *Smilodon*

Säbelzahntiger am Ur-Rhein. *Machairodus*
und *Paramachairodus*

Seeungeheuer
Von Nessie bis zum Zuiyo-maru-Monster

Meine Worte sind wie die Sterne
Die Entstehung der Rede des Häuptlings Seattle
(zusammen mit Sonja Probst)

Superfrauen aus dem Wilden Westen

Königinnen der Lüfte

Königinnen des Tanzes

Malende Superfrauen

Annie Oakley. Die Meisterschützin
des Wilden Westens

Cortés und Malinche. Der spanische Eroberer
und seine indianische Geliebte

Hildegard von Bingen. Die deutsche Prophetin

Julchen Blasis. Die Räuberbraut des Schinderhannes

Elisabeth I. Tudor. Die „jungfräuliche Königin"

Maria Stuart. Schottlands tragische Königin

Zenobia von Palmyra. Eine Frau trotzt den Römern

Bestellungen bei: http://www.grin.com